超級科學家的誕生 醫學篇

戴翠思（Tracey Turner） 著
林占美（Jamie Lenman） 繪

新雅文化事業有限公司
www.sunya.com.hk

醫學篇

作者：戴翠思（Tracey Turner）
繪圖：林占美（Jamie Lenman）
翻譯：Langchitect
責任編輯：葉楚溶
美術設計：何宙樺
出版：新雅文化事業有限公司
香港英皇道499號北角工業大廈18樓
電話：（852）2138 7998　傳真：（852）2597 4003
網址：http://www.sunya.com.hk
電郵：marketing@sunya.com.hk
發行：香港聯合書刊物流有限公司
香港新界大埔汀麗路36號中華商務印刷大廈3字樓
電話：（852）2150 2100　傳真：（852）2407 3062
電郵：info@suplogistics.com.hk
印刷：中華商務彩色印刷有限公司
香港新界大埔汀麗路36號
版次：二〇一七年七月初版

Original title: SUPERHEROES OF SCIENCE - BODY
First published 2017 by Bloomsbury Publishing Plc
50 Bedford Square, London WC1B 3DP
www.bloomsbury.com

ISBN:978-962-08-6862-7

18/F, North Point Industrial Building, 499 King's Road, Hong Kong
Published and printed in Hong Kong

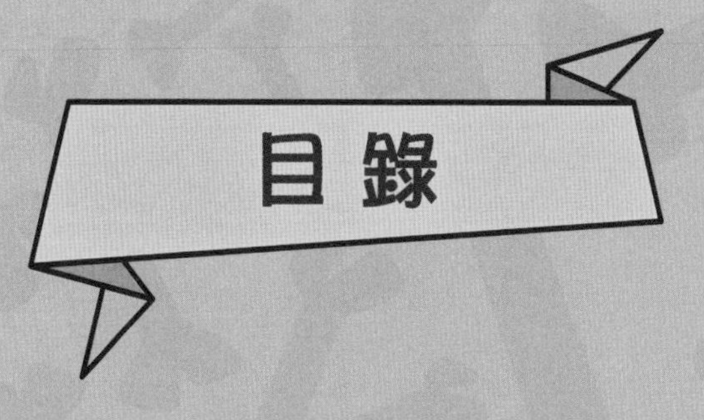

目錄

引言

《超級科學家的誕生》為你介紹有史以來最偉大的超級科學家。他們當中沒有人能披上斗篷飛越天際，或者擁有超乎尋常的強大力量，但是這些超級科學家都是值得我們敬佩的英雄。他們的探索和研究，揭開了許多鮮為人知的秘密，讓我們認識更多有關天文、地理、醫學和生物的知識。現在就請你跟隨醫學家，走進偉大的醫學世界！

閱讀本書時，請你試試找出……

- 為什麼一個只有8歲的小孩，會先後20次被注射致命的病毒？
- 哪一位醫生曾經在鬥士訓練場工作？
- 哪人憑吃耳垢和嗅覺診病？
- 為何要把死尖鼠放在自己的口袋裏？

假如你想知道是誰戰勝霍亂、誰發明了消毒法，或是誰找到醫治瘋狗症的方法，那麼請你繼續閱讀下去。你還可以跟隨超級科學家的發現之旅，追蹤他們如何解開DNA之謎，如何製作精密的顯微鏡，如何使用X光透視人體。

在本書中，你會認識到他們無比的毅力、勇氣和智慧，還會看到一些鮮為人知的故事，包括費林明用細菌製造藝術畫，以及一位憤怒的醫生要和巴斯德決一死戰等精彩故事。

你即將與這些醫學界的超級科學家見面，看看他們那些不可思議的故事……

翻到第22頁，了解人
類可以度過17世紀、
生存至今的原因！

古羅馬醫學家

加倫

加倫（Claudis Galen，約129年－216年）是古羅馬時代最著名的醫生。他的醫學理念，在其死後幾個世紀仍有很大的影響。

可怕的鬥士訓練場

加倫於帕加馬出生，帕加馬現時位於土耳其，當時仍屬於強大的羅馬帝國中的一部分。他曾在埃及和希臘學習醫學，其後回到家鄉，在鬥士訓練場當首席醫生。鬥士接受訓練後，會用劍及其他武器參加格鬥，以滿足喜愛血腥暴力的觀眾。加倫在鬥士訓練場工作，需要醫治很多嚴重受傷的鬥士，但他的醫術高超，5年的訓練場醫生生涯中，只有5位鬥士死亡。

羅馬瘟疫

公元162年，加倫搬到羅馬居住。羅馬皇帝奧理路（Aurelius），聽聞他在鬥士訓練場工作時醫術高超，便邀請他成為皇宮的御醫，也有部分原因是當時羅馬出現了可怕的瘟疫——現在估計是天花。加倫小心醫治病人，同時把治病過程記錄清楚。可是在瘟疫的高峯期，羅馬每天至少有2,000人死亡。加倫的餘生也在羅馬度過，他成為了奧理路與他的家人，以及其後兩任皇帝的御醫。

驚人的實驗

加倫對人類身體的認知來自動物解剖。由於他不能在人類身上進行實驗，要測試他的理論，只可以利用猴子、豬或其他動物。加倫做過的驚人實驗包括用吹氣工具把氣吹進肺部，以了解肺部的運作。這些實驗，讓他有新的發現，而且在當時來説算是非常創新的：加倫發現了尿液是在由腎臟製造、動脈是負責輸送血液的，以及喉頭會幫助我們發聲。他更會施行複雜的手術，包括為病人的眼睛切除白內障。

流芳百世

加倫採用的方法不是全部都能幫助到病人，例如他愛把病人的靜脈剪短，以移走「多餘」的血液。古希臘醫學家希波克拉底（Hippocrates）也用上同一方法（見第36頁），這可怕的方法在之後仍流行了幾個世紀。加倫的醫學理念在他死後超過1,000年，仍對醫學界有很大的影響。

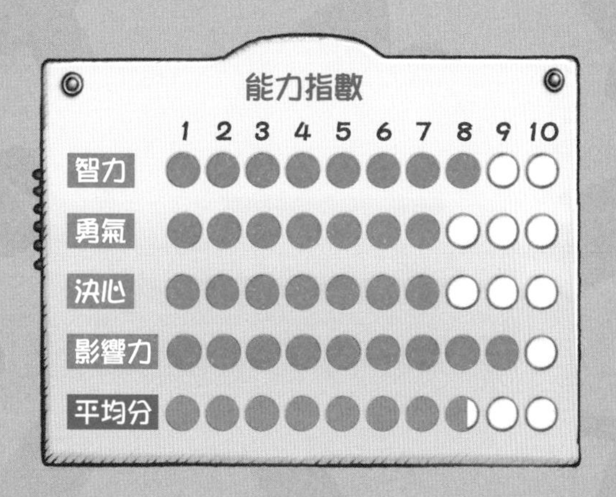

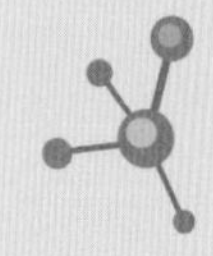

延伸知識

怪誕治療法

科學家花了很多時間研究出不同疾病的成因，治療方法也愈來愈有效，但早期並非如此……下列為你介紹的治療方法，你千萬不可嘗試！

古埃及

- 如果古埃及人有牙痛，他們會把死老鼠放在牙痛的地方。

古羅馬

- 古羅馬作家老普林尼（Pliny the Elder）認為醫治牙痛的最佳方法，是在月圓之夜捉一隻青蛙，把牠的嘴巴張開再向牠的口部吐口水，然後放生牠，叫牠把自己的牙痛一併帶走！

撒克遜時期的不列顛

- 在「撒克遜」時期，人們醫治禿頭的方法是用火燒蜜蜂，然後把灰抹在頭皮上。
- 要醫治皮膚病「疣」，人們會用一片肉擦拭在疣及周圍的皮膚，然後把肉埋起來。原理是當那片肉開始腐壞，疣也會同時消失。
- 在「撒克遜」時期，人們要醫好胃痛，會捉來一隻甲蟲，然後向左邊的肩膊往後丟掉。

中世紀歐洲

- 要醫治風濕病（關節及肌肉問題），人們認為只需要把一隻小尖鼠放在口袋裏便可以了。
- 要醫治喉嚨痛，人們會用繩把一條活的蠕蟲綁在頸上，蠕蟲死掉，喉嚨痛也會消失。
- 要醫治禿頭，人們會以鵝的排泄物來拍打自己的頭部。

都鐸王朝時期的不列顛

- 在都鐸王朝時期，要醫治百日咳，人們會喝雪貂曾經喝過的牛奶。
- 要去除暗瘡，人們會塗上剛宰殺的白鴿鮮血。

維多利亞時期的不列顛

- 要醫好胃痛，人們會把少量火藥混合肥皂水，然後喝掉。
- 要醫治百日咳，人們會捉一隻青蛙向自己的口呼氣，或者吞下沾滿牛油的蜘蛛。

英國首位女醫生

安德森

伊莉莎白．安德森（Elizabeth Garrett Anderson，1836年－1917年）是英國首位女醫生。她開設了女子醫學院，成就了許多女醫生。

滿腔熱誠的安德森

1836年，安德森在倫敦東部出生，家中有11名兄弟姐妹。安德森的家境於早期不算特別富裕，但後來她爸爸經營的生意成功，讓孩子們都能接受良好教育（在那個年代，能夠上學是一件非常奢侈的事情）。大部分像她般的年輕女性都選擇嫁到富裕家庭，過安穩富足的生活，但安德森並沒有選擇這條路：她認識了女權分子埃米莉．戴維絲（Emily Davies）、以及美國首位女醫生伊莉莎白．布萊克威爾（Elizabeth Blackwell），並立志要成為一位醫生。

女士不得內進

英國的醫學院歡迎年輕有為的學生修讀，但只限於男生。可是安德森沒有因此而氣餒，她獲得密德薩斯醫院取錄成為護士學生，但她常常偷偷地旁聽醫生課。不幸地，安德森被男同學發現了，並向醫院投訴，令她被禁止再上醫生課，但她仍然不願意放棄。當時，藥劑師會容許女性參

加考試，或者這樣説，至少沒有表明禁止女性應考。安德森於是參加了各科考試，並取得合格。藥劑師會知道了竟然有女性能夠成功通過各科考試，大為震驚，於是便更改規章，禁止女性應考。

到法國學醫

1866年，安德森加入倫敦聖瑪莉診療所成為醫護人員，但她仍未能成為正式的醫生（她曾多次努力嘗試）。於是，她自學法文，然後到願意招收女學生的巴黎大學習醫。當她最終取得醫學學位時，英國的醫務註冊當局卻不承認她的專業資格，安德森便自行建立自己的醫院——聖瑪莉診療所婦女新院，當中招募的員工全屬女性，包括安德森的好友伊莉莎白．布萊克威爾。

女醫生最終出現

經過安德森和其他人多年來的努力爭取，到了1876年，女性終於獲准進入醫學界。1883年，安德森成為了倫敦醫學院院長，直至1902年退休。可是她並沒有就此停下來，她成為了英國首位女性市長，並鼓吹女性應享有投票權（當時女性無權投票）。安德森於1917年逝世，翌年，英國容許年過30的婦女投票。

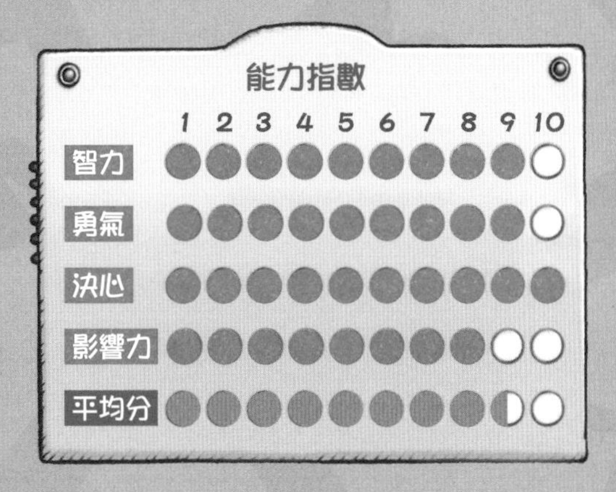

戰勝霍亂的

斯諾

約翰·斯諾（John Snow，1813年－1858年） 是一位英國醫生。他發現了霍亂的成因，拯救了成千上萬的生命，為公共衛生貢獻良多。

斯諾醫生

1813年，斯諾在約克郡的一個貧窮家庭出生，14歲時成為了外科醫生的學徒。他在英國的北部先後跟隨多名外科醫生，治療患上了致命流行病霍亂（見第33頁）的病人。其後到倫敦考入醫學院，正式成為醫生。

致命的霍亂

霍亂不時會在英國爆發，奪去成千上萬的生命。初時人們以為霍亂是透過「不潔」的空氣傳播（當時沒有人想到霍亂是由病菌造成）。但是，斯諾想到霍亂的成因是經進食而進入體內。1849年，他撰寫有關霍亂的論文，5年後他證明了自己的理論是正確的。在倫敦中部的蘇豪區，霍亂肆虐，兩星期內便奪去了550人的性命。斯諾小心地考察該區，用地圖標示了

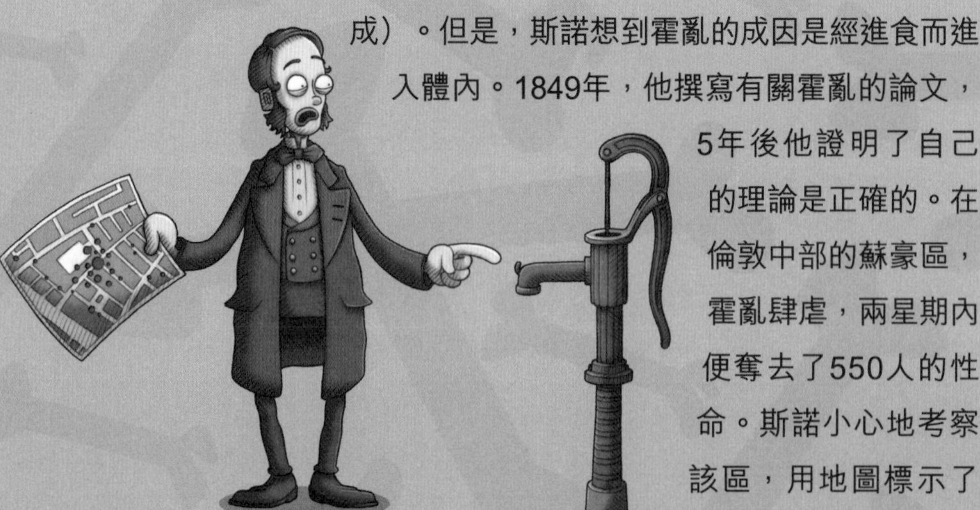

出現霍亂個案的位置，最終發現了所有染上霍亂的病人都有一個共通點，就是使用了布魯街的一口水泵。斯諾把水泵的手柄拆走，之後霍亂就停止了蔓延。後來發現水泵供應的食水受到附近的一個廁所設備污染了。

無痛手術

斯諾除了成功對抗霍亂的疫情、拯救了多人的生命而成為了英雄之外，他也是使用麻醉藥的先驅，令麻醉藥更安全、更有效。1853年，英女皇維多利亞（Queen Victoria）誕下兒子利奧波（Leopold），斯諾用上了麻醉藥哥羅芳，女皇大為欣賞，於1857年誕下女兒特麗斯（Beatrice）時，也要求斯諾為她安排使用哥羅芳。

超級去水道

斯諾對付霍亂的方法，為新派科學「流行病學」（研究公共衞生模式與疾病形成的關係）奠定基礎，同時公共衞生與建設有效的去水道成為了英國首要處理的事項。斯諾並不長壽，他於1858年因中風去世，終年45歲。1885年，柯霍（Koch）發現了導致霍亂的病菌（見第40頁）。

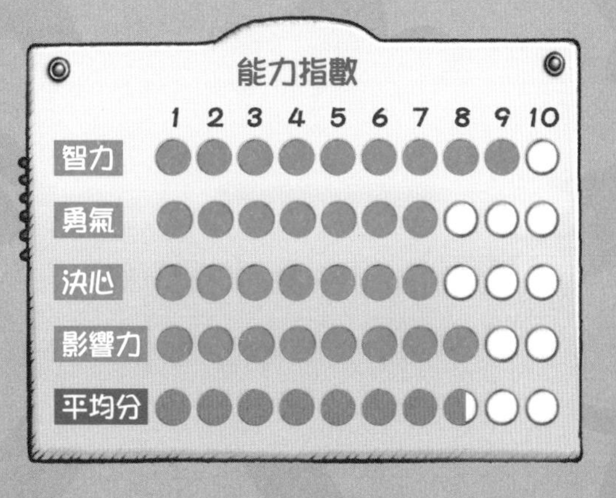

兩次獲得諾貝爾獎的

居里夫人

瑪莉亞·居里（Marie Curie，1867年－1934年）是一位超級英雄。她發現了新元素、開創了放射性研究，而且還懂得開救護車！她是至今唯一一位兩次獲得諾貝爾獎的女性。

在巴黎索邦大學唸書

瑪莉亞·斯克沃多夫斯卡（Marie Sklodowska）想接受大學教育，但是當時在她的家鄉波蘭華沙，女性是不可以上大學的。於是，瑪莉亞搬到巴黎，在索邦大學修讀物理和數學，並邂逅了物理學教授皮耶·居里（Pierre Curie），成為了他的妻子。

發現新元素

居里夫婦一起開展了對鈾的研究。鈾*（Uranium）是一種放射性元素。有一些元素的原子是非常不穩定的，例如鈾在分裂的時候會釋放能量。居里夫人是首位用「放射性」來形容這過程的科學家。1898年，居里夫婦對外公布他們發現的兩種全新元素——釙*（Polonium）和鐳*（Radium），這兩種新元素比鈾的放射性更強，他們因此而獲得諾貝爾物理學獎，同時獲獎的還有其團隊中的亨利·貝克勒（Henri Becquerel），他是居里夫人的導師。

X光救護車

1906年，居里教授在一宗意外中身亡，居里夫人繼承了丈夫的事業，成為了索邦大學第一位女教授。她延續了早前和丈夫一起進

*鈾：粵音油，*釙：粵音樸，*鐳：粵音雷。

行的研究項目，並第二次獲得了諾貝爾獎，而這一次是化學獎。居里夫婦的研究成果對放射性的發展非常重要。第一次世界大戰期間，居里夫人把她贏得的諾貝爾獎獎金用來資助安裝救護車的放射性儀器，她甚至親自駕駛救護車到戰場的前線。居里夫人成為國際紅十字會放射線學（X光）服務的主管，負責訓練醫生及其他醫護人員使用嶄新的放射線技術。第一次世界大戰完結，她協助成立居里基金，用來研究如何用鐳醫治癌症。

危險的輻射

居里夫人從來沒有因工作致富。至20世紀20年代後期，她的健康開始欠佳。沒有人知道輻射的危險，正因為居里夫人的研究使她長期暴露於放射性物質中，最終在1934年，居里夫人因白血病離世。她的女兒愛蓮（Irene）同樣是諾貝爾化學獎得主，也因輻射引起的癌症而去世。居里夫人的筆記簿仍然具放射性，現存放在巴黎國家圖書館。

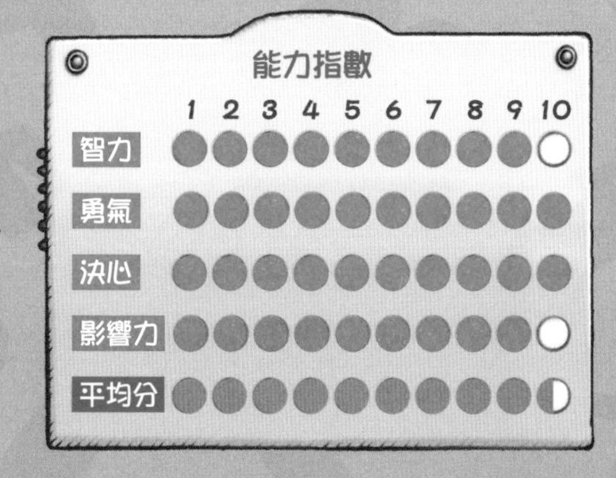

發現血液循環系統的

哈維

威廉·哈維（William Harvey，1578年－1657年）是第一位發現心臟的功能和血液如何在身體運行的人。

靜脈和心瓣

1578年，哈維在根德郡一個富裕的家庭出生。他首先往劍橋大學唸書，然後再往意大利帕多瓦大學唸醫科。他的老師西羅尼姆斯·法布里修斯（Hieronymus Fabricius），是一位科學家及外科醫生。法布里修斯能夠識別靜脈，也知道有心瓣的存在，但不知道它的功能是什麼。

御用醫生

1602年，哈維回到英國當醫生，兩年後他娶了伊莉莎白·布朗（Elizabeth Brown），她是英女皇一世御醫的女兒，哈維自此扶搖直上。他獲倫敦皇家內科醫學院頒授院士，幾年後成為解剖學教授。自1609年開始，他於聖巴多羅買醫院工作了24年。1618年，他取得英格蘭醫學界最高榮譽的工作，成為了英王雅各一世及查理一世的御醫。

心臟和血液

加倫（見第8頁）相信血液是由肝臟製造，然後輸送到全身，血液把已消化的食物帶到身體各部分讓器官吸收。數百年來，他的學說影響了後世醫生的看法。哈維一直忙於研究，最終發現了加倫

的學說有問題。哈維發現心臟的跳動把血液泵到身體各部分，並非如加倫所說從靜脈抽出血液，而是血液在返回心臟前，會流向全身。而法布里修斯所發現的心瓣，功能是當血液流向心臟後，心瓣會閉上防止血液倒流。終於在1628年，哈維在他的著作中發布了他對心臟和血液的革命性理論。

鹿的卵子

哈維也是第一位提出哺乳類動物的繁殖是來自受精卵子的人。他在國王御花園每周舉行的狩獵活動中找來一頭被獵殺的鹿，然後解剖，可惜找不到卵子（直到200年後才在哺乳類動物身上找到卵子，證明了哈維是對的）。哈維於1657年逝世，他的研究徹底地改變了醫學界。

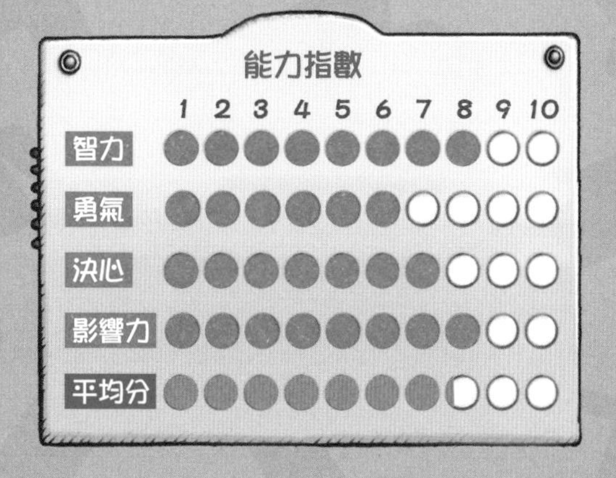

發明盤尼西林的

費林明

亞歷山大．費林明（Alexander Fleming，1881年－1955年）的重大發現，改變了世界及拯救了無數人的生命。

訓練成醫生

費林明生於蘇格蘭，父親是一位農夫，有8個孩子。費林明在13歲時，跟隨其中一位兄長到倫敦讀書。可是同年因父親去世，他未能負擔學費，於是轉投了軍隊。最終他準備了足夠的金錢繼續唸書，於是在聖馬利醫院醫學院接受醫學訓練。

病菌成藝術

1906年，費林明正式成為醫生，並在聖馬利醫院工作，研究細菌。他希望找到新的疫苗，幫助人類抵抗不同的疾病〔愛德華．詹納（Edward Jenner）發明了第一種疫苗，見第30頁〕。費林明漸漸懂得怎樣處理病菌，還養成一個不尋常的嗜好：他會小心用碟子培殖不同顏色的細菌，製作成極不平凡的藝術品——士兵、芭蕾舞員、母親與嬰孩、打拳擊的火柴人等。他製作了一個米字旗圖案的細菌藝術品送給到訪的瑪麗女皇，但女皇不太喜歡，馬上把藝術品交給她的隨從。

意外的發現

第一次世界大戰時，費林明在法國的軍方醫療輔助隊服役，戰後他發現了一種新的殺菌物質——溶菌酶。這種物質可以在人類的體液內找到，是費林明在種菌的時候，從掉下的淚水中意外發現的。另一件意想不到的事情發生在1928年，造就了費林明的重大發現：當他嘗試尋找可以殺死葡萄球菌的方法時，他的實驗品被霉菌污染了。費林明沒有立刻丟掉他的實驗品，反而發現了霉菌內的一些物質正在殺死葡萄球菌。之後他發表了報告，把該項發現稱為「盤尼西林」——一種可以有效殺死細菌、不會損害身體的物質。

拯救生命

最初，沒有人留意到費林明的驚人發現，及至1938年，牛津大學兩位科學家恩斯特．伯利斯．錢恩（Ernst Chain）和霍華德．佛洛里（Howard Florey）對盤尼西林感到興趣，並把它研發成一種藥物。1945年，費林明、柴恩和弗洛里因為發現及開發盤尼西林而一同奪得諾貝爾獎。直至1955年費林明逝世，盤尼西林已廣泛開發並大量生產，拯救了數以百萬計的生命，這項發現也啟發了其他科學家開發更多消滅病菌的新藥物。

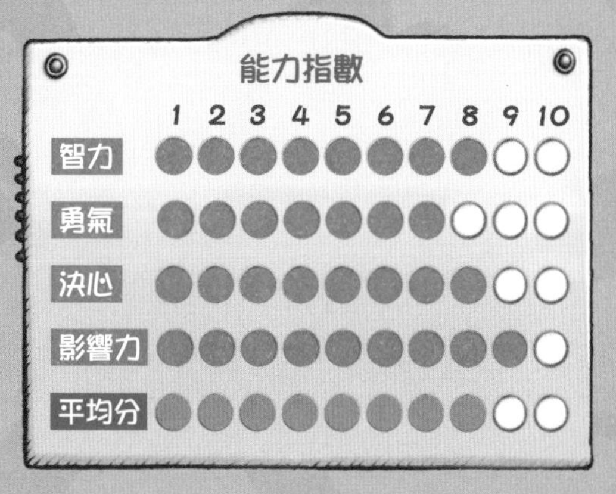

小遊戲

「死過翻生」

你回到了1600年代，那時的世界沒有疫苗、抗生素、麻醉藥和殺菌的藥物，很容易受到頑惡疾病的感染。

此遊戲可供2-6人玩，需預備一顆骰子，而每位參加者各需要一顆棋子。輪流擲骰子，按擲出的數字移動棋子，看看你會遇到什麼困境，最先到達終點就勝出了！

發明消毒法的

巴斯德

路易·巴斯德（Louis Pasteur，1822年－1895年）令牛奶可更安全飲用，也幫助人類更認識病菌。

修讀化學

1822年，巴斯德於法國出生，他的父親是一位皮匠（把動物皮製成皮革），家境一般。巴斯德的父母希望他們的獨子可以有美好的前途，於是讓他接受良好的教育，即使學校的學費高昂。最初巴斯德讀書並不聰明，直至後來唸科學，卻非常擅長，最終他成為了化學教授，在大學任教。

為酒消毒

巴斯德在法國里爾大學任教的時候，釀啤酒和葡萄酒的商人向他請教如何在發酵過程中，防止酒變酸。巴斯德發現了一種會令酒變酸的細菌，而把酒加熱就可以把細菌殺死。這種方法稱為「巴斯德消毒法」，也可用於牛奶，把牛奶中的有害細菌殺死。現在所有牛奶也採用了「巴斯德消毒法」，此方法也會應用在其他飲料和食物上。

病菌理論

巴斯德研究酒裏面的微生物，令他認識到病菌可導致疾病。當時大部分人也認為疾病源自空氣，而肉眼看不見的病菌不可能把體積如人類龐大的動物殺死。可是巴斯德堅持信念，用他的理論解釋了許多疾病的成因，包括天花（見第32頁）、霍亂（見第33頁），以及如何用疫苗預防疾病。1865年，巴斯德發表了他的「細菌病源論」。

瘋狗症

瘋狗症是可致命的疾病，通過被帶病毒的動物咬傷而感染。巴斯德用全新的方法，為病者注射毒性較弱的瘋狗症疫苗到體內，並在染病的狗隻身上測試，證實成功。1885年，巴斯德為一位染上瘋狗症的9歲男童注射疫苗，成功醫治他。而這種治療瘋狗症的方法也拯救了數以百計的生命。

無菌手術室

巴斯德於1895年逝世，他也成為了醫學界真正的超級科學家。他認為不少病人在手術後死亡是因為手術室不潔，因此主張手術室要清潔無菌。然而，他的意見並非獲所有人同意，有外科醫生對他非常不滿，甚至要和他決鬥！其後，約瑟夫・李施德（Joseph Lister，見第48頁）繼續推廣無菌手術室運動。

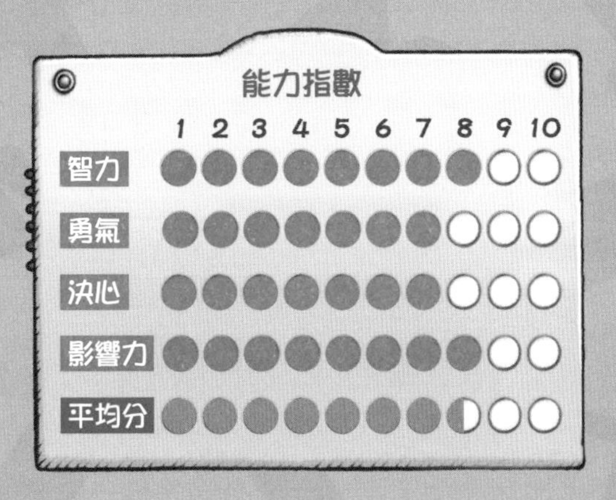

勇敢的護士

西柯爾

瑪麗·西柯爾（Mary Seacole，1805年－1881年）是一位勇敢的護士，她跑到戰場的前線照顧士兵，成為了克里米亞戰爭的女英雄。

士兵生病了

西柯爾，原名珍格蘭（Mary Jane Grant），1805年於牙買加出生。她的母親擁有一間供傷兵寄宿的宿舍，並在那兒向西柯爾傳授護理技巧。西柯爾長大後到過不少地方，包括加勒比海一帶、中美洲及不列顛（當時牙買加屬不列顛帝國管轄），並不斷學習歐洲的醫療技術。1851年，西柯爾在爆發霍亂的巴拿馬負責護理工作，慶幸她沒有因感染霍亂而喪命。

克里米亞戰爭

1854年，克里米亞爆發戰爭。克里米亞半島一邊靠近英國、法國和土耳其，另一邊是和俄羅斯接壤。戰爭導致數以十萬計的士兵陣亡，但大部分並非被敵人的子彈或刺刀所殺，而是死於疾病。軍方醫院已經擠滿病兵，而且環境骯髒、物資短缺，尤其容易染上霍亂等疾病。西柯爾深信自己可以改變這種情況，於是向不列顛政府自薦，希望當上護士義務照顧染病的士兵。雖然西柯爾經驗豐富，但不列顛政府沒有派她到克里米亞工作，而是派了弗羅倫斯·南丁格爾（Florence Nightingale）及一班受過訓練的護士及修女。遺憾的是，原因可能是對她的膚色存在偏見。

槍林彈雨中的護士

西柯爾沒有因此而放棄，自費跑到克里米亞，開了一間商旅小店，並把賺到的錢用來買藥，供傷兵使用。她甚至走到戰場，在槍林彈雨中照顧傷兵。

最終獲得嘉許

戰爭過後，西柯爾回到英國，此時她已經花盡積蓄，身體亦開始轉差。1857年，有人為她舉辦了一個籌款晚會，數以千計的人認為過去不列顛政府沒有善待西柯爾，他們只好跑出來支持她。西柯爾一直留在英國居住，並把她的經歷寫成著作，越來越多人也開始認識她。最終，不列顛政府給西柯爾頒發勳章，嘉許她的偉大貢獻。

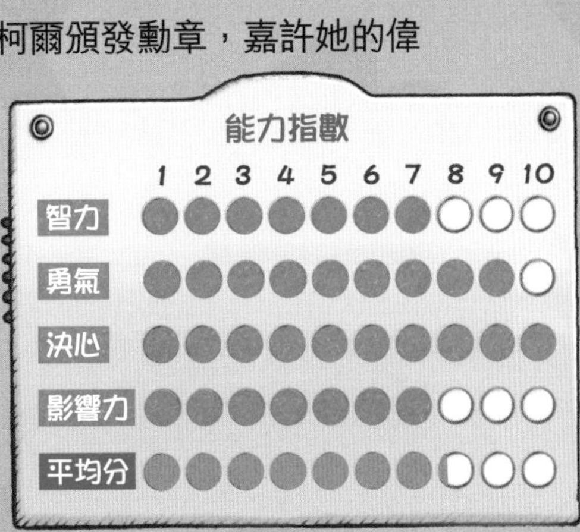

自製顯微鏡的
雷文霍克

安東尼．范．雷文霍克（Antonie Van Leeuwenhoek，1632年－1723年）放大了世界，放大了人類的身體，帶來了很多驚人的發現。

顯微鏡之父

1632年，雷文霍克於荷蘭台夫特出生。他未受過科學訓練，只是一位布販，喜歡用放大鏡來檢查布匹。1688年，雷文霍克在他唯一一次前往倫敦的旅途中，讀到羅伯特．虎克（Robert Hooke）的一本著作《顯微術》（Micrographia），看到很多令人驚訝不已的圖畫，如跳蚤及頭蝨等微小生物，他開始自己製作顯微鏡。由於雷文霍克的技藝高超，他製造的顯微鏡，放大的效果比世界上任何一塊結構複雜的顯微鏡還要好。他發現把玻璃吹塑後形成氣泡狀，底部會較厚。他利用了玻璃較厚的部分，並把玻璃吹塑成不同的形狀，製作高品質的鏡片——但是沒有人真正知道他用的是什麼方法。他製作過幾百個顯微鏡，其中有9個存在至今。

皇家學會

雷文霍克利用他所製的顯微鏡觀察微小的世界，然後仔細地撰寫筆記，再僱用畫家把他所有的發現畫下來。他把他的發現寄到當時最頂尖的科研機構——倫敦的皇家學會，學會對他的發現有很好的評價，並向他頒發皇家學會院士的榮銜，但雷文霍克一直沒有出席他們的會議。

老人的牙齒

雷文霍克是首位記錄單細胞生物的人，他稱之為「微生物」。最有趣而數量最多的微生物是由一對老人的牙齒而來的，因為他們從來不刷牙！

微觀世界

雖然雷文霍克從來沒有上過大學，也只懂得説自己的母語荷蘭話（當時主流的科學家都愛説拉丁語或英語），但他對微生物學的研究令他成為了著名的人。當時的名人如俄羅斯沙皇彼得大帝，也專誠去看看他的顯微鏡。雷文霍克除了發現了單細胞生物如細菌之外，也發現了血細胞、肌肉組織、精子和微細的寄生蟲線蟲。雷文霍克於1723年逝世，那時微生物學屬於一門剛起步的新科學。

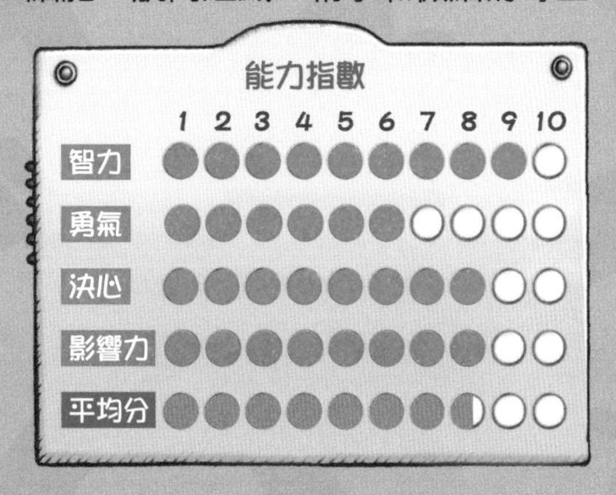

開創免疫學的

詹納

愛德華·詹納（Edward Jenner，1749年－1823年）和他8歲大的小助手，一同消滅了一種致命的疾病，開創了一門新的科學——免疫學。

受訓成醫生

1749年，詹納出生。那時候，沒有人認識疾病的成因。詹納初期跟隨一名外科醫生學習醫術，然後再往倫敦接受訓練。1772年，他回到家鄉告羅士打郡的柏克萊市，並一直在當地行醫。

致命的天花

詹納要對付的其中一種疾病是天花——一種非常危險的疾病，死亡率達30%，曾患上天花的人如果最終痊癒，身體上也會留有疤痕。那時候，天花是其中一種最危險的疾病：在1700年代，歐洲每年大約有400,000人死於天花，當中大部分是兒童。在中國，大夫想到在健康的人身上注射具天花病毒的膿液，以預防天花，但部分人在注射後死亡，有些則在一段時間內會把病毒傳播到其他人身上，所以這個並非最佳的方法！1721年，蒙塔古夫人（Lady Montagu）因為自己感染了天花，也把這種方法帶到英國。

危險的實驗

詹納留意到有些擠牛奶的女工，有時會感染較為溫和的疾病，名叫「牛痘」。每當她們長完牛痘，便好像不會再染上天花。

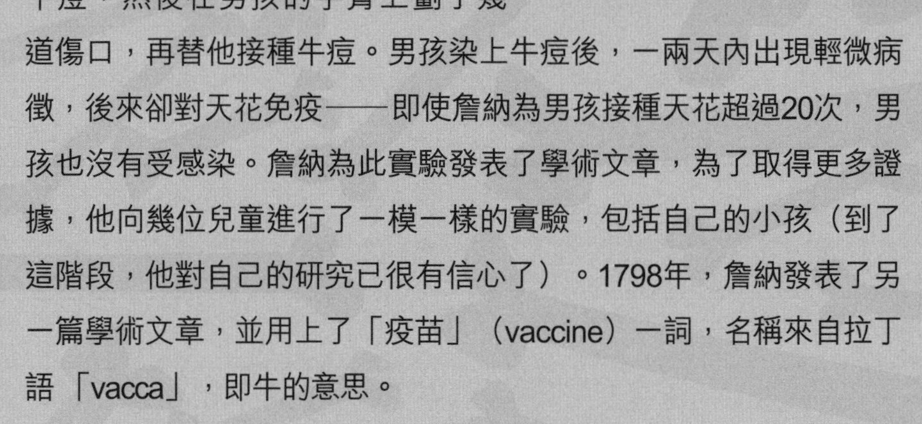

1796年，詹納進行了一項非常著名的實驗，他找來一位8歲的男孩，名字叫做詹士．菲普斯（James Phipps）。詹納向一位擠牛奶女工取得她手上的牛痘，然後在男孩的手臂上劃了幾道傷口，再替他接種牛痘。男孩染上牛痘後，一兩天內出現輕微病徵，後來卻對天花免疫——即使詹納為男孩接種天花超過20次，男孩也沒有受感染。詹納為此實驗發表了學術文章，為了取得更多證據，他向幾位兒童進行了一模一樣的實驗，包括自己的小孩（到了這階段，他對自己的研究已很有信心了）。1798年，詹納發表了另一篇學術文章，並用上了「疫苗」（vaccine）一詞，名稱來自拉丁語「vacca」，即牛的意思。

滅絕天花

詹納在男孩菲普斯身上進行實驗，其實是冒上很大的風險，但疫苗最終獲得廣泛使用。20世紀天花仍然肆虐，奪去了數以百萬計的生命。直至1979年，即距離1823年詹納逝世很久之後，世界衞生組織宣布天花已經滅絕。

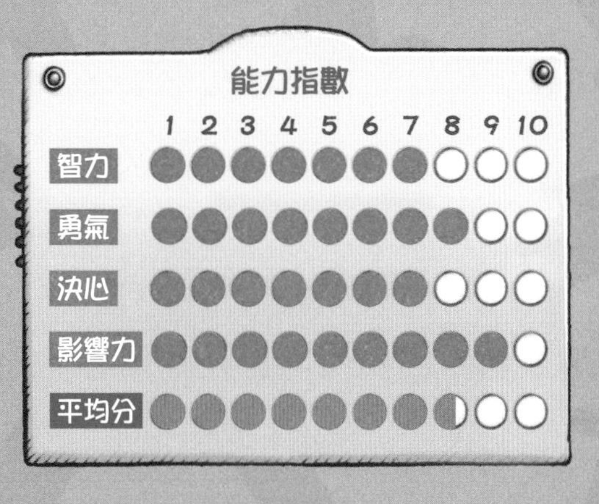

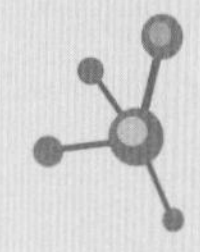

延伸知識

7大可怕的致命疾病

以下的可怕疾病有一個共通點：就是可以致命，書中的一些超級科學家幫了一把，減輕了它們的威力。

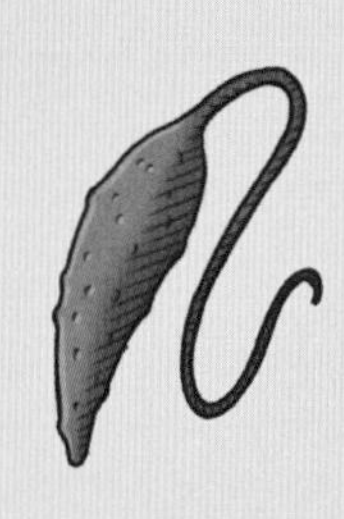

1. 黑熱病

又叫熱血病，或稱利什曼原蟲症。經白蛉叮咬後由寄生蟲進入人體而發病。病徵包括疲倦、發熱、體內器官腫脹，以及體重下降。每年導致過萬病人死亡，特別在貧窮地區，如印度及非洲。

2. 瘋狗症

經染上瘋狗症的動物所咬而傳染。這種可怕的疾病，病徵包括喉嚨痛、發熱、慢慢變得焦慮、怕水、產生幻覺及具敵對情緒。假如能及時獲得醫治，可以避免完全受到感染，這多得巴斯德的發明（見第24頁）。可是，但如果拖延太久未獲治理，出現以上的病徵，瘋狗症病患者死亡的機會就會很大。

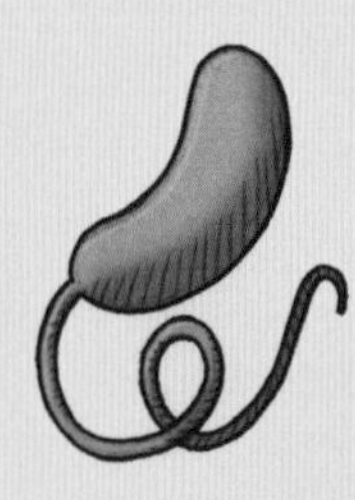

3. 霍亂

霍亂主要是通過染上霍亂菌的人，由他們的排泄物所污染的水或食物而傳播。常見病徵包括腹瀉和嘔吐。病人容易脫水，皮膚呈灰藍色。

4. 天花

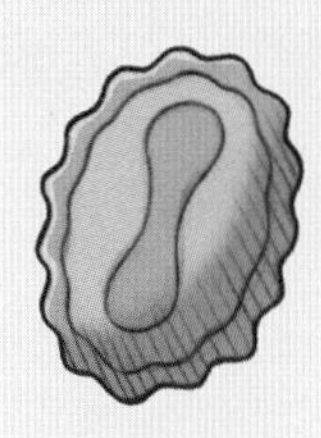

天花由病毒引起，傳染性極高。多得詹納的發明（見第30頁），天花已經滅絕。天花的病徵包括發熱、頭痛、肌肉疼痛、出現膿皰、耳朵和鼻感到酸痛等。死亡率很高，痊癒的人身體上也會留有疤痕。

5. 伊波拉

伊波拉是致命的病毒，透過接觸患者或動物的血液或體液而傳染。病徵包括虛弱、發熱、噁心、出現紅疹、體內出血和體外出血。死亡率因人而異，最高可達50%。

6. 瘧疾

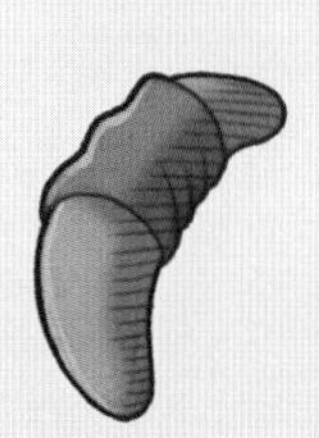

瘧疾是由蚊叮時，經微小的寄生蟲傳播。一般可以治癒，但在遍遠和貧窮地區，人們不易到達，每年數以10萬計的人因瘧疾而死，大部分為兒童。

7. 昏睡病

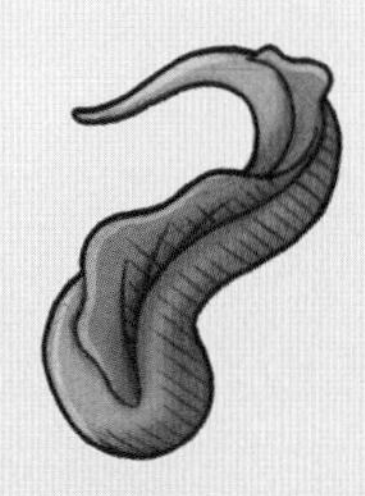

又稱為非洲人類錐蟲病，是由布氏錐蟲引起的寄生蟲病。病徵包括肌肉疼痛、痕癢、白天睡眠增多但晚上不能入睡。此病的死亡率很高。

人體解剖學權威

維薩里

安德雷亞斯．維薩里（Andreas Vesalius，1514年－1564年）是首位挑戰古代人體構造理論的人，他揭示了人類皮膚下面究竟是什麼模樣的。

醫學世家

維薩里的祖父和爸爸也是醫生。維薩里也繼承了家族的傳統，前往法國、比利時和意大利習醫。1537年，維薩里在帕多瓦大學完成博士學位。當年他只得23歲，大學已聘請他，主管外科及解剖科。

人體解剖

1500年代，外科並未受到重視，醫生一般已接受了古羅馬醫學家加倫對人體構造的理論（見第8頁），儘管加倫對人體的研究只是透過動物作測試，而非人類的屍體。維薩里是首位指出這點的人，他認為古羅馬年代禁止把人體解剖，加倫只可以利用猴子屍體來研究人體。維薩里於是自行進行人體解剖，把結果繪製成人體解剖圖。根據解剖的結果，他寫了一篇科學學術文章，發表了放血的最佳方法，而放血也被視為醫治很多疾病的方法之一（但很多時候不放血可能更好！）

需要更多屍體解剖

維薩里批評加倫的言論令他變得不受歡迎，畢竟加倫在當時仍

然是世界人體解剖學的權威，即使他已逝世數百年，以及他的研究只是建基於猴子的屍體。維薩里後來獲許可解剖更多被處決的罪犯屍體。1543年，他發表了《人體的構造》（*On the Fabric of the Human Body*）一書，附有273張精細的插圖，批評他的人漸漸減少。

神聖羅馬帝國的御醫

維薩里後來擔任了神聖羅馬皇帝查理五世（Charles V）及他的兒子菲臘二世（Philip II）的御醫。1564年，維薩里從耶路撒冷朝聖後，在回程的時候因翻船意外而身亡。然而，他有關人體構造的著作，加深了後世對人類骨骼、肌肉、血管和體內的各個器官認識。

能力指數

	1	2	3	4	5	6	7	8	9	10
智力	●	●	●	●	●	●	●	●	○	○
勇氣	●	●	●	●	●	●	●	●	○	○
決心	●	●	●	●	●	●	●	○	○	○
影響力	●	●	●	●	●	●	●	○	○	○
平均分	●	●	●	●	●	●	●	◐	○	○

首位記錄病情的醫生

希波克拉底

希波克拉底（Hippocrates，公元前460年－公元前370年）在2,500年前出生，但到了今天，醫生在行醫前的誓言仍然以他所立的誓詞為基本。

為健康祈禱

大約在公元前460年，希波克拉底在古希臘的科斯島出生。他行醫的足跡遍及整個希臘，他的醫術高明，成功醫治了不少病人，這使他成為了一位著名的醫生。在古希臘時期，大部分的人相信染病的原因是來自邪靈或神靈。有時病人會被帶到供奉神或女神的神殿，或是求得幸運的護身符，他們相信這樣便可以痊癒。希波克拉底相信疾病源自環境因素，而非來自超自然力量，要服用不同的藥物，以及採取不同的治療方法，才可以令病人痊癒。

記錄發病過程

希波克拉底是首位記錄病情的醫生，他會詳細地寫下哪些治療方法適用，哪些無效。他曾經為瘧疾、肺結核和肺炎記錄發病過程。他認為一個人要保持身體健康，需要建立均衡的飲食習慣、呼吸大量清新的空氣和常常運動。此外，醫生還要去了解所醫治的病人，對他們要有同情心——相信今天大部分醫生也會同意他的觀點。

放血與刻意令人生病

希波克拉底認為人體內有四液，稱為「體液」——黑膽汁、黃膽汁、血液和痰，他相信有時候需要放血來保持四液平衡。後世許多醫學家，如加倫也同意他的觀點（見第8頁），而透過「放血」來治療不同疾病的方法流行了數百年。希波克拉底相信染病的源頭來自不健康的飲食習慣（對大部分疾病而言這説法其實不對），於是他刻意開藥，令病人生病，以排走體內不潔的食物。然而，沒有人是完全正確的。

嘗耳垢和嗅出多種疾病

希波克拉底的治病方法與現代人有點不一樣：他會親嘗尿液及耳垢，檢查汗水的黏度，以及仔細觀察和嗅糞便、鼻涕和嘔吐物。雖然希波克拉底用這些方法替人治病，但他活得長壽，而數千年後他仍然是一位著名的醫學家。

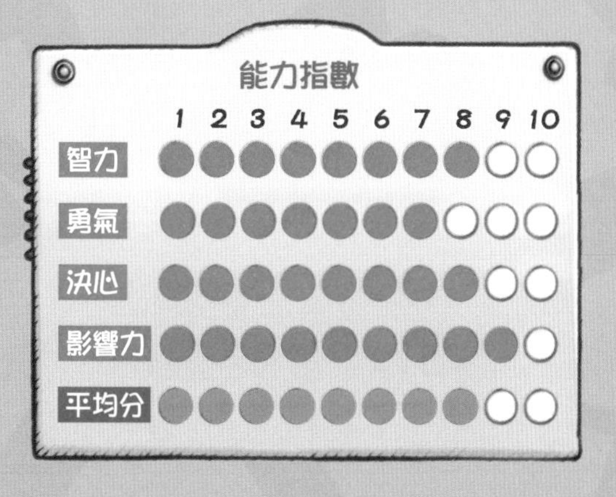

研究人類眼球的

海什木

海什木（Alhazen，965年－1040年）是一位全能的超級科學家，也是第一個能夠準確描述人類眼球運作的人。

伊斯蘭年代

公元400年，羅馬帝國開始衰亡，歐洲進入黑暗時代，在那個時候，生存與擊退敵人比研究學問更重要。但是在中東，伊斯蘭學者卻補充了這方面的不足，他們翻譯古希臘書籍，並提出了不少新的見解。海什木於公元965年出生，當時正是伊斯蘭學術發展最頂尖的時代。

人類的眼球

海什木在巴士拉（即現時的伊拉克及巴格達）接受教育，當時是阿拔斯帝國的首都。海什木是一位出色的科學家，他的著作涉及數學、物理學、天文學和視光學（研究眼球和視力）。海什木是第一位研究出人類眼球機能，同時描述和繪畫出眼球不同部分的人。有些科學家認為人類的眼睛會射出光線，後來海什木的實驗證明這個理論是錯誤的。海什木透過實驗，證明了光線是透過瞳孔進入眼球，再經過晶體傳到眼球底部的視網膜，由連接視網膜的視覺神經把信息傳到大腦。

瘋狂的哈基姆

海什木在埃及生活的時候，曾經裝成瘋人。當時，統治埃及的哈基姆（Al-Hakim）邀請了海什木回到埃及開羅。哈基姆是一個殘酷無情和行為古怪的人，曾經因為狗隻的吠聲而把開羅所有的狗隻殺掉。他吩咐海什木要治理好尼羅河的河水，但海什木知道這是一個不可能的任務，又怕哈基姆會追究他辦事不力而賜他死罪，於是他便裝成瘋人一樣，秘密地在家中學習，保持低調，直到哈基姆逝世為止（死於1021年）。

視光學著作

海什木於1040年逝世，他所撰寫的視光學著作，在他死後200年被翻譯成拉丁文，並於歐洲出版，書中附有詳盡而準確的人類眼球繪圖。

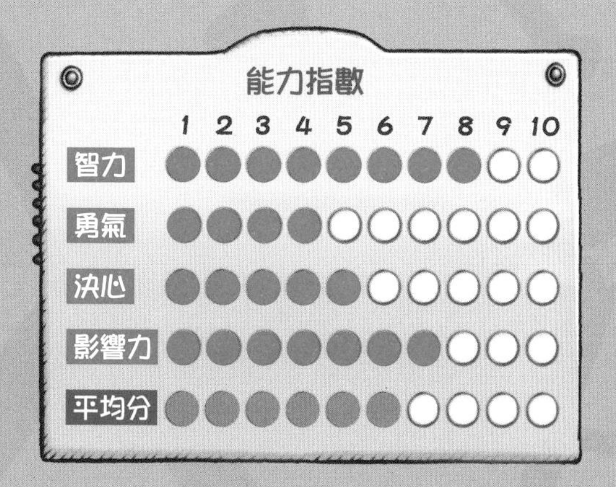

能力指數

	1	2	3	4	5	6	7	8	9	10
智力	●	●	●	●	●	●	●	●	○	○
勇氣	●	●	●	●	○	○	○	○	○	○
決心	●	●	●	●	●	○	○	○	○	○
影響力	●	●	●	●	●	●	●	○	○	○
平均分	●	●	●	●	●	●	○	○	○	○

病菌學之父

柯霍

羅伯．柯霍（Robert Koch，1843年－1910年）工作一絲不苟，他有系統地分析了疾病的成因，創立了一套獨一無二的病菌學理論。

聰明的柯霍

柯霍是個絕頂聰明的人。1848年，當柯霍還是5歲，開始上學時候，他已經可以讀書寫字了。20年後，他以最出色的成績於德國醫學院畢業。其後，他於普法戰爭時期擔任內外科醫生，然後到德國韋爾斯泰因，成為該小鎮的外科醫生。他在那兒成立了一所實驗室，研究疾病的病原體。

找出炭疽病

法國科學家卡西米爾．約瑟夫．達維恩（Casimir-Joseph Davaine）一向致力研究在農場動物身上常見的炭疽*病。達維恩在染上炭疽病的羊血內找到桿狀的微生

*疽：粵音追。

物，認為它們就是炭疽病的成因。柯霍按這途徑繼續研究：他培殖炭疽生物，並發現它們會形成內孢子，可以潛伏在動物身上多年才致病。人類也會感染炭疽病，而且是可致命的。柯霍的發現，首次證明了某一種疾病可以是源自某一種的微生物。

不平凡的方法

柯霍發明了一種方法，測試某種微生物會否引致某種疾病，也解釋了證明方法的4個基本步驟——這4個基本步驟到了今天也有科學家沿用。柯霍找到了種菌的方法，不是利用液體，而是利用固體，與巴斯德等科學家所使用的方法一樣。他又找到將細菌染色的方法，以便在顯微鏡下觀察。

其他致命疾病

柯霍成為了政府的醫學顧問，在埃及和印度研究霍亂。他找到致病的細菌，也證明了細菌可透過食水、食物和接觸衣服傳播。柯霍還發現了引致肺結核的細菌，並因而獲得諾貝爾獎。他於1910年逝世。其他科學家沿用了他的方法，找到了其他致命疾病的成因，包括痲瘋病、破傷風、傷寒和鼠疫等等。

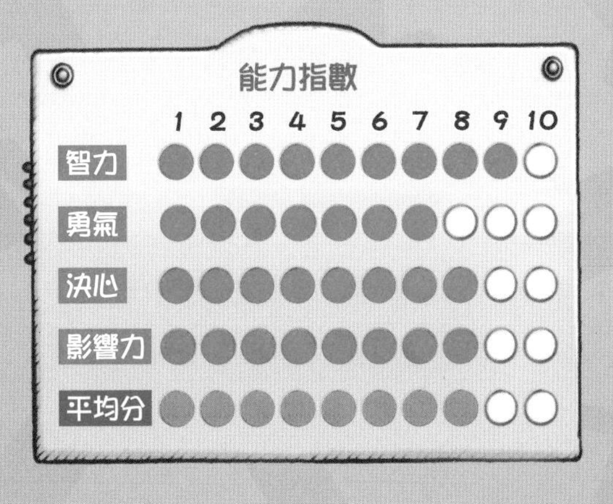

遺傳學的奠基人

曼德爾

格雷戈爾·曼德爾（Gregor Mendel，1822年－1884年）是個種青豆的修士，並悄悄地發現了基因的奧秘。

宗教研究

1822年，曼德爾於奧地利帝國的摩拉維亞（現位於捷克）出生。他在大學主修哲學和物理，但學費昂貴令他難以負擔。1843年，他成為了一位修士，可以繼續免費唸書。後來在摩拉維亞的奧洛穆茨大學，擔任自然歷史與農務學系的老師。

奇妙的青豆

人們都認識到動物或植物可以透過培育而產生特別的屬性或特徵。曼德爾工作的學系進行了這方面的研究，希望了解如何培育出動物或植物的特性。曼德爾特別喜歡研究青豆，雖然這項研究看似非常枯燥沒趣，卻引領了科學界有史以來其中一項最大的突破。他精心培植青豆，並小心翼翼地把結果記下。

青豆的基因

1856年至1863年間，曼德爾培植了成千上萬的青豆植物。他找到了7種不同的特徵——包括種子的顏色，莖部的高度——並得出了培植這些不同特徵的植物所產生的結果。他發現這些特性會如信息一般傳播，稱為「基因」（雖然當時還未流行這個名詞），而每棵親本植物也會把相同的基因遺傳下去（見第45頁，了解遺傳是怎樣形成的）。

天才的再發現

曼德爾的發現不單只限於青豆，也可以解釋所有生物如何把特性遺傳，例如青豆植物和北極熊同樣遺傳了上一代的特性。可是，這項發現過了很長時間才引起別人的注意，科學界甚至批評他的研究，認為這項研究毫不重要，只是與如何培植青豆有關。35年後，兩位科學家許霍．德弗里斯（Hugo de Vries）和卡爾．哥連斯（Carl Correns）再次發現曼德爾的研究，人們也開始認識到曼德爾那些青豆實驗的重要性。可惜曼德爾已於1884年逝世，沒法分享他努力的成果，但他被公認為遺傳學之父。

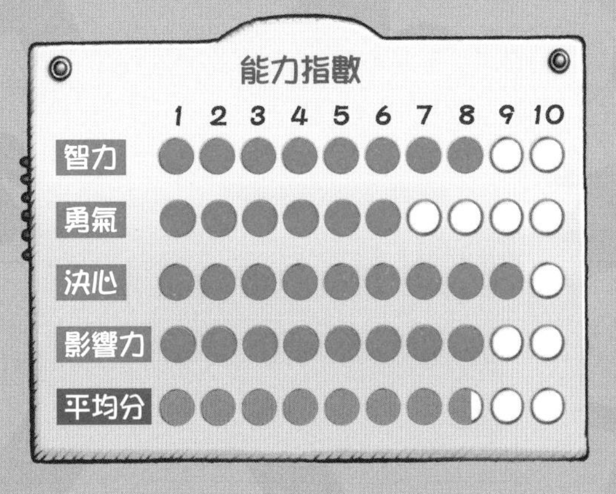

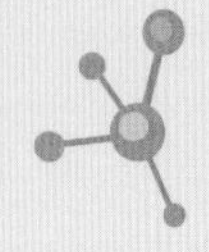

延伸知識

去氧核糖核酸（DNA）和基因

有沒有想過自己為何會有雀斑、棕色的眼睛或鬈髮？原來這都是與你的父母有關！

繁忙的細胞

可能比較難想像的是我們的出現都是從一粒細胞開始，由來自父親和母親各自一粒細胞結合而成。這粒細胞不停分裂，變成了不同種類的細胞，直至發展成為一個嬰孩，有着數以萬億個細胞。細胞好像小型的機器，內藏很多部件。在細胞內有一顆分子稱為「去氧核糖核酸」（簡稱DNA），負責指揮小型機器的工作。

基因

DNA內藏有大量資訊，決定了不同的特徵，例如頭髮的顏色。這些DNA稱為「基因」，每一項特徵也有兩組基因，一組來自母親，另一組來自父親；每一對基因也有其中一組是較強（顯性），另一組較弱（隱性）。假如你從父母雙方取得顯性基因，顯性基因的特徵便會出現；假如你從父母任何一方取得顯性基因，從另一方取得隱性基因，顯性基因的特徵便會出現；假如你從父母雙方取得隱性基因，隱性基因的特徵便會出現。

青豆植物遺傳學

現在拿曼德爾培植的其中一顆植物為例。

親本植物A有黃色種子。

親本植物B有綠色種子。

黃色種子屬隱性，綠色種子屬顯性。

親本植物A把黃色種子的基因遺傳下來，而親本植物B把綠色種子的基因遺傳下來，那麼它們下一代的植物應是什麼顏色的種子？

答案是綠色，因為綠色種子屬顯性。親本植物A一定有兩顆黃色種子的基因，否則它會是綠色的，所以它只能遺傳黃色種子的基因。親本植物B可能有綠色種子和黃色種子，也可能有兩顆綠色種子。假如它同時擁有兩種顏色的種子，那麼它們下一代的植物也可能會有黃色種子，因為親本植物B可以把黃色種子的基因遺傳下來。

曼德爾花了很長時間，用上數千棵青豆植物，才找到這些答案。

自製蠟像的解剖學家

曼蘇里尼

安娜．摩蘭蒂．曼蘇里尼（Anna Morandi Manzolini，1714年－1774年）奉獻了很多時間解剖人體，製作了精確又令人驚訝不已的人體解剖蠟造雕塑，教導了一代又一代的學生。

蠟造雕塑

1714年，摩蘭蒂於意大利博洛尼亞出生。當時，博洛尼亞是世界上其中一個學習科學的最佳城市。沒有人清楚摩蘭蒂的教育背景，只知道她是一個有良好技藝的藝術家，並且懂得拉丁文。摩蘭蒂在24歲的時候嫁給藝術家及解剖學教授喬凡尼．曼蘇里尼（Giovanni Manzolini），自始二人一同鑽研解剖學，解剖人體並製造人體蠟造雕塑。他們最初與藝術家埃考勒．里尼（Ercole Lelli）合作，為博洛尼亞大學的解剖學博物館工作，後來自立門戶。

處理屍體

博洛尼亞的醫院為摩蘭蒂及丈夫提供了超過1,000具無人認領的屍體，讓他們可以用作解剖用途。他們不斷練習，解剖技術也越來越好，能夠仔細解剖及清楚顯示不同的器官和身體的各部分。他們的工作日漸為人所認識，製作的人體模型既準確又精美。

曼蘇里尼教授

1755年，摩蘭蒂的丈夫曼蘇里尼逝世，遺下一對子女需要摩蘭蒂照顧。教宗本篤十四世（Pope Benedict XIV）是個熱愛科學的

人，也非常欣賞摩蘭蒂的作品，於是決定向摩蘭蒂終身支付微薄的年金，以肯定她的工作。1760年，博洛尼亞大學向摩蘭蒂頒授了解剖模型學講座教授的職銜。當時，女教授非常少見，但博洛尼亞大學是一所相對具前瞻性的大學，比倫敦醫學院足足早了200年便確認了女性的貢獻（見第12頁有關女醫生安德森的故事）。

解剖學夫人

摩蘭蒂被譽為「解剖學夫人」，人們會停下來欣賞她的大作，並對這位能夠解剖人體及教授解剖學的女士讚歎不已。俄羅斯女皇嘉芙蓮（Catherine the Great of Russia）及波蘭的國王也特邀摩蘭蒂為他們製作蠟像。今天，你還可以看到1700年代的摩蘭蒂，因為她也為自己製作了蠟像，她的蠟像穿上了華麗的衣服，雙手正優雅地整理着人類的腦袋。

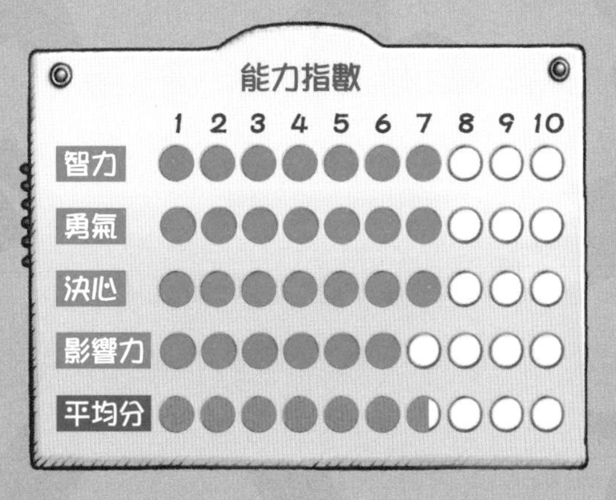

提倡無菌手術室的

李施德

約瑟夫·李施德（Joseph Lister，1827年－1912年）是一名醫生，他提倡加強消毒意識，成為了拯救別人生命的超級科學家。

污濁的空氣

李施德於1827年出生。當時，人們大都認為「污濁的空氣」是傳染疾病的成因，忽略了保持手術儀器和手術室清潔、無菌的重要性。李施德於埃索斯成長，後來考入倫敦大學學院學習植物學，再轉讀醫學。1854年，他正式成為醫生，為愛丁堡皇家療養院臨牀外科教授詹姆斯·西美爾（James Syme）工作，最初擔任助手，其後擔任外科醫生（後來還成為了他的女婿）。

控制病房感染

在醫院的病房，儘管醫生為病人成功地進行了手術，但病人也有很大機會因感染其他疾病而死亡，一般稱為「病房感染」，有接近一半的病人在手術後因此而死亡。李施德從愛丁堡轉到格拉斯哥擔任外科教授，讀到巴斯德有關病菌的研究（見第24頁）。他嘗試用巴斯德以化學物處理傷口的方法，並使用碳酸（現稱為「酚*」）浸泡醫物，結果發現能夠有效控制病房感染。於是，李施德用更進取的方法：清潔雙手。他要求所有在醫院工作的員工徹底清潔雙手，消毒手術儀器，以及在手術室噴灑碳酸。這些方法非常有效，全世界的醫院也爭相仿效。

消毒技術

李施德於醫學期刊《刺針》（*The Lancet*）發表他的研究結果，包括一位7歲男童被車輪輾過後嚴重受傷的案例。在李施德發明消毒技術以前，男童的腿一般會受疽菌（會令組織壞死）感染而需要切除，或者會因感染而致命。但最後男童的傷口未受感染，完全康復。李施德的方法拯救了無數人的生命，免受截肢之苦。

傳奇的李施德

李施德的偉大貢獻為他贏取了許多獎項及榮譽，包括成為一位男爵。1912年，李施德逝世，他被譽為外科手術消毒技術之父。

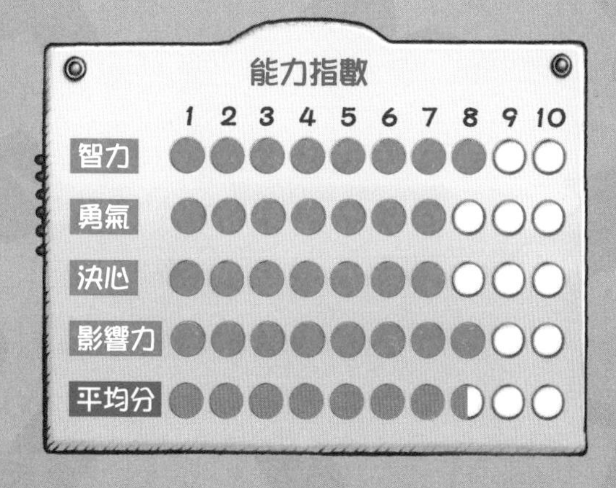

*酚：粵音昏。

完成醫學巨著的

阿布加西斯

阿布加西斯（Abulcasis，936年－1013年）是一位內外科醫生，他撰寫了一本驚世的醫學巨著，對後世影響深遠。

摩爾人統治的西班牙

阿布加西斯是他在歐洲使用的名字，比較簡單易記，他的原名是Abu al-Qasim Khalaf ibn al-Abbas Al-Zahrawi（阿拉伯語）。公元936年，他於西班牙城鎮哥多華附近出生，當時，西班牙的南部屬於摩爾帝國的一部分，由摩爾人（來自北非的穆斯林人）統治。當時，由摩爾人統治的西班牙和歐洲其他地方不同，是一個研究和學習科學的中心，而阿布加西斯成長與生活的哥多華市是由摩爾人統治的西班牙首府，也是當時世界上其中一個最先進的城市，擁有最大的圖書館。後來，阿布加西斯成為了內外科醫生，教授醫學的同時，也撰寫了當時最全面的醫學百科全書——《醫學寶鑑》。

醫學巨著

阿布加西斯撰寫的醫學百科全書一共30冊！詳細記錄了幾百種疾病

的特徵和治療方法，還有一些章節談及肌肉與骨骼、藥物與製藥方法、眼睛與視力、營養學、外科手術等。書中的內容包羅萬有，從皮膚病、生育乃至牙科都有涵蓋。事實上，這是第一部詳細談及牙科手術的著作，包括如何成功植回已脫落的牙齒。阿布加西斯也和希波克拉底一樣（見第36頁），主張對病人要有愛心。

外科章節

在歐洲，這套醫學百科全書最著名的是關於外科的部分，包括各項手術的程序和超過200種手術儀器的使用方法，有一些儀器更是由阿布加西斯發明的。1100年代，這套書被翻譯成拉丁文，成為了往後500年歐洲外科醫生的參考書，及至1770年代，本書仍繼續重印。

穆斯林國王的御醫

阿布加西斯是當時首屈一指的醫生，他成為了哥多華穆斯林國王哈金二世（Hakim II）的御醫，直至976年哈金二世逝世為止。阿布加西斯於1013年逝世，但他的著作對後世影響深遠。

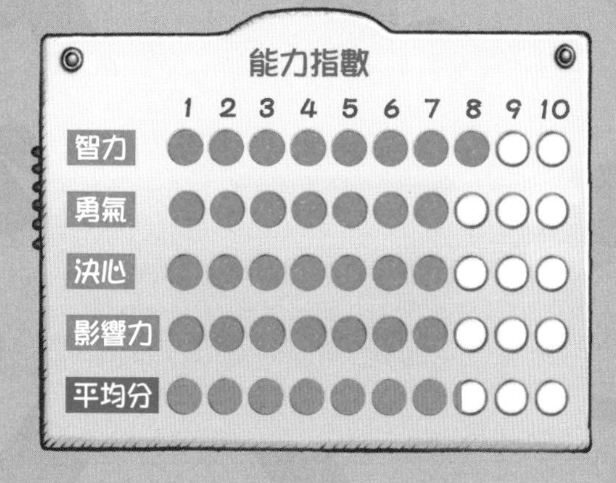

X光之父

倫琴

威廉．倫琴（Wilhelm Rontgen，1845年－1923年）並不是醫生，而是一位物理學家，但他在醫學界的重大發現，至今每天在全世界使用數以百萬次。

被趕出校

1845年，倫琴於德國出生。他其後於荷蘭長大，但有次因為繪畫了諷刺某位老師的漫畫而被趕出校，事實上這惡作劇卻是另有其人！這件事使倫琴的學習受到一些影響，但最終他仍考上了大學，修讀物理並獲得博士學位。他最初於斯特拉斯堡大學任教，及後於德國不同的大學任教。

不知名的射線

倫琴對負電極射線（即是電子的流動）感到興趣。1895年，當他正進行管子內的負電極射線實驗時，無意中發現了神秘的射線。倫琴發現那些射線可以穿透軟組織，但不能穿過金屬或骨骼。他稱那些射線為「X光」，因為「X」在數學符號上代表着未知。

X光影像

倫琴還發現，利用特別的菲林片可以保存X光影像，只要把X光照射人體某一部分，同時把菲林片放在人體背後便可。第一張X光片是倫琴太太的手，可以看到她的手骨和結婚戒指。數個月後，他把他的發現向外界發表，並立刻受到廣泛的關注。

骨頭與碎件

1901年，倫琴獲頒發諾貝爾首個物理學獎，表揚他研究X光的成就。他的發現讓醫生不用打開或刺穿病人的身體，也可以看到人體內的情況。利用X光可以找到很多不應該留在體內的東西，包括碎骨、子彈或其他物件，證明了X光是現代醫學界其中一項最重要的工具。

倫琴射線

1923年，倫琴逝世。那時候，全世界已經使用X光，包括了第一次世界大戰時居里夫人的救護車（見第17頁）。世人都會記得倫琴的重大發現，有些人也稱X射線為「倫琴射線」。

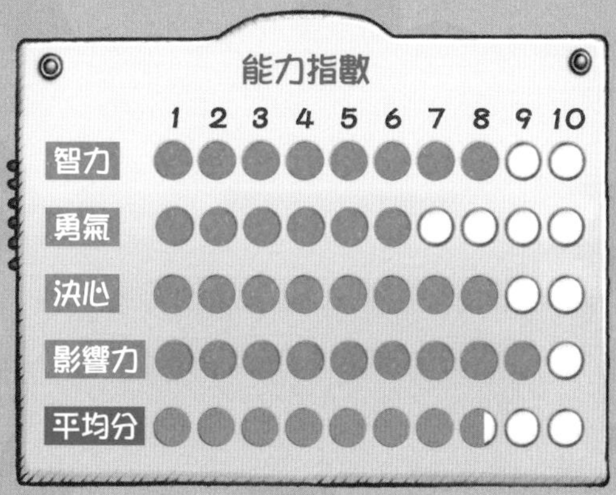

發現DNA的

克拉克和屈臣

弗朗西斯．克拉克（Francis Crick，1916年－2004年）和詹姆斯．屈臣（James Watson，1928年－）找到了20世紀最驚人的科學發現：生物是如何複製自己及把特性遺傳下去。

DNA

1916年，克拉克在英國出生。最初他修讀物理，其後轉修生物，第二次世界大戰後他跑到劍橋大學進行醫學研究。屈臣於1928年在美國出生，後來取得了動物學博士。兩人在劍橋大學相遇，並於1951年開始共同研究DNA分子（去氧核糖核酸）。和當時許多科學家一樣，他們對生物內細胞的DNA如何運作特別感興趣。

螺旋形分子

克拉克和屈臣搜集資料，建構DNA分子模型，找出了它們是雙螺旋的形狀，有點像扭曲了的樓梯。它藏有化學編碼，控制了細胞的活動模式，以及如何分裂和繁殖。克拉克和屈臣的模型解釋了DNA如何自我複製，以及生物從上一代而來的遺傳信息如何被編碼，這部分的DNA稱之為基因。由於身體內細胞都帶有我們的獨特DNA，克拉克和屈臣的發現，解開了生命的奧妙。

富蘭克林和威爾金斯

克拉克和屈臣的成功發現，需要感謝莫里斯．威爾金斯（Maurice Wilkins）和羅莎琳．富蘭克林（Rosalind Franklin）早期的

大量工作。威爾金斯和富蘭克林在倫敦國王學院用X光來研究DNA。威爾金斯向屈臣展示了富蘭克林拍下的DNA影像，確定了DNA分子的結構，但他事前沒有先徵詢富蘭克林的同意，而富蘭克林對DNA結構的發現沒有得到合理的肯定。1958年，富蘭克林逝世，而另外三人在1962年憑他們對DNA研究的貢獻獲得了諾貝爾醫學獎。

人類基因組計劃

克拉克和屈臣亦因為解開了DNA內遺傳密碼的奧妙，獲得了不少其他獎項和榮譽。1988年，屈臣領導人類基因組計劃，希望識別出30,000種造成人類DNA的基因。計劃於2003年完成，正正是克拉克和屈臣發現DNA的50年後。克拉克致力於研究遺傳學和大腦研究，並於2004年逝世。

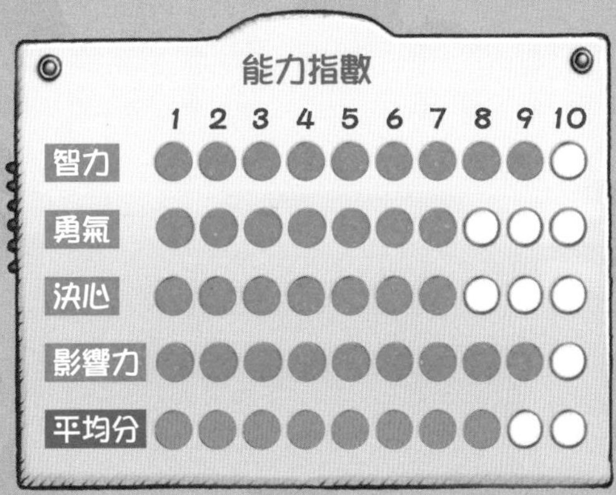

考考你

認識人體小測驗

你認識你的身體嗎？試一試挑戰自己吧！

1. 你知道成年人的腦袋平均有多重嗎？

A. 140克

B. 1.4公斤

C. 2.4公斤

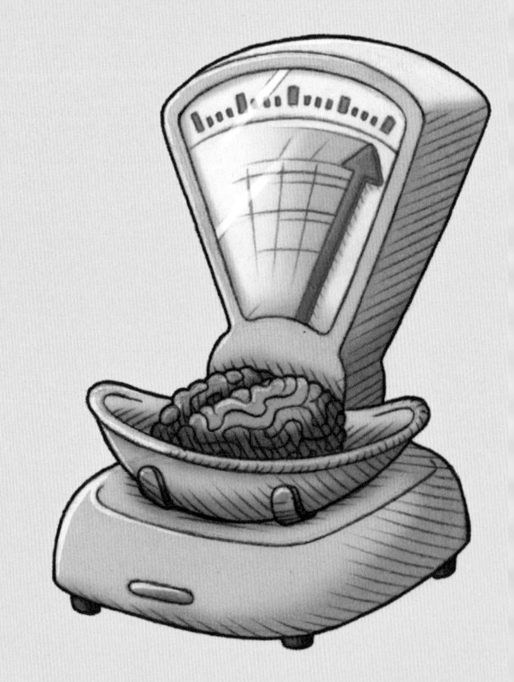

2. 頭部的寄生蟲稱作什麼？

A. 頭蝨

B. 疣

C. 毛瘤

3. 臀大肌在哪裏？

A. 腦部

B. 胃部

C. 臀部

4. 人類放的屁主要由什麼氣體組成？

A. 甲烷

B. 氫氣

C. 二氧化碳

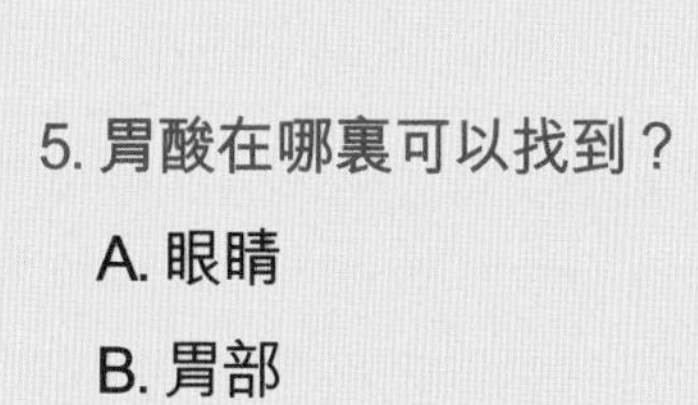

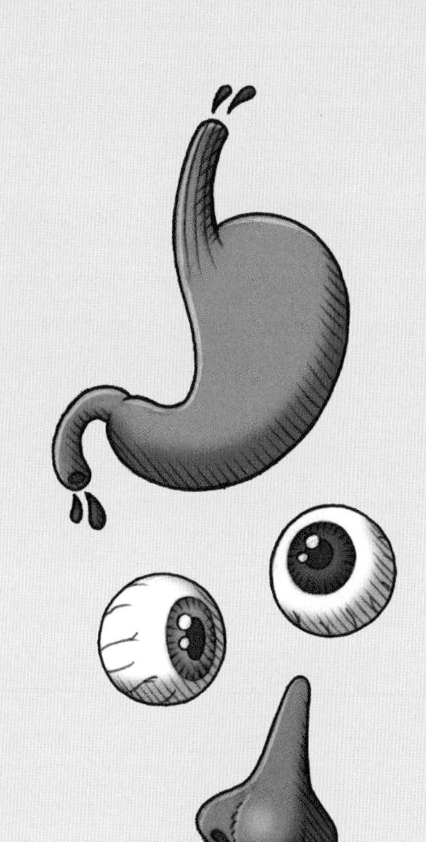

5. 胃酸在哪裏可以找到？

A. 眼睛

B. 胃部

C. 鼻子

6. 什麼是髕骨？

A. 膝蓋骨

B. 腿部肌肉

C. 喉頭

7. 在哪裏可以找到指骨？

A. 手和腳

B. 頭部

C. 耳朵

8. 成年人的大腸平均有多長？

A. 7米

B. 3米

C. 1.5米

答案：1B

2A

3C（人有兩塊臀大肌，即是你的臀部，是人體最大的肌肉）

4C（二氧化碳屬無味氣體）

5B

6A

7A（指骨即是你的手指或腳趾）

8C（稱為大腸不是因為它的長度，而是它的闊度。成年人的小腸平均長度為7米）

大事紀

公元前460年

古希臘醫學家希波克拉底出生。

公元162年

古羅馬時代最著名的醫生加倫抵達羅馬。

公元936年

完成了一本驚世醫學巨著的作家阿布加西斯，
在摩爾人統治的西班牙城鎮，哥多華附近出生。

公元965年

研究人類眼球機能的伊斯蘭科學家海什木出生。

公元1543年

安德雷亞斯．維薩里出版了關於人體解剖的著作《人體的構造》。

公元1578年

發現血液如何在身體運行的威廉·哈維出生。

公元1632年

首位看到「微生物」的安東尼·范·雷文霍克出生。

公元1714年

解剖學家和人體蠟造雕塑家安娜·摩蘭蒂·曼蘇里尼出生。

公元1796年

愛德華·詹納找來一位8歲的男孩進行天花疫苗實驗。

公元1843年

羅伯·柯霍出生。他是第一位發現某種疾病可以是源自某種微生物的人。

公元1854年

瑪麗·西柯爾跑到克里米亞戰場成為護士。

公元1854年

約翰·斯諾制止了倫敦爆發的霍亂。

公元1856年

發現了遺傳學的格雷戈爾·曼德爾開展了培育青豆植物的實驗。

公元1865年

路易·巴斯德發表了他的「細菌病源論」。

公元1867年

約瑟夫·李施德發表了嶄新、無菌的手術方法。

公元1876年

在英國首位女醫生伊莉莎白．安德森的大力推動下，英國容許女性擔任醫生。

公元1895年

威廉．倫琴發現了X光。

公元1898年

居里夫婦公布發現了兩種全新元素——釙和鐳。

公元1928年

亞歷山大．費林明發明盤尼西林。

公元1953年

弗朗西斯．克拉克和詹姆斯．屈臣發現了DNA結構。

詞彙表

生物：
獨立的生命個體。（p.28, 29, 41, 43, 54）

元素：
由一粒原子組成的物質，不能再分解成其他物質。（p.16）

分子：
物質最細小的物理單位。（p.44, 54, 55）

細胞：
所有組成生物結構最細小的單位。（p.29, 44, 54）

細菌：
由單細胞組成的生物，很多疾病都是由細菌引致。
（p.6, 20, 21, 23-25, 29, 41）

病菌：
引起疾病的微生物（包括細菌、菌類和病毒）。
（p.14, 15, 20, 21, 24, 25, 40, 49）

病毒：
一種會引起感染和導致疾病的微生物。有科學家認為病毒具有生命，也有科學家不認同這個說法。（p.6, 25, 30, 33）

寄生蟲：
倚靠其他生物，或附在其他生物身上才能存活的生物，危害到宿主的健康。（p.29, 32, 33, 56）

去氧核糖核酸（DNA）：
包含生物遺傳信息的分子。它包含的編碼指令決定了生物不同的特徵，並指揮細胞的運作。（p.44, 54）

基因：

DNA的一部分，包含生物的特徵，如眼睛的顏色。我們的基因是從父母遺傳下來的。（p.43-45, 54, 55 ）

遺傳：

從父母傳給下一代（如身體特徵）。（p.43, 45, 54, 55）

傳染：

能透過人類接觸而傳播。（p.32, 33, 48）

解剖：

分解以作檢查或研究。（p.9, 19, 34, 35, 46, 47）

器官：

身體的某一部分，負責某一項工作，如腎臟、心臟、肺部和腦部等。（p.18, 32, 35, 46）

動脈：

把血液從心臟帶到身體各部分的血管。（p.9）

靜脈：

把血液從身體各部分帶到心臟的血管。（p.9, 18, 19）

痰：

濃而帶黃的液體，由鼻子、口或喉嚨製造出來。（p.37）

黑膽汁：

四液之一種或希波克拉底所稱的「體液」，現在已證實並不存在。（p.37）

黃膽汁：

濃濃的黃色液體，由肝臟負責製造，幫助人體消化和吸收脂肪。（p.37）

膿：

由感染疾病的人體產生，濃而帶黃的液體。（p.30, 33）

白內障：
眼球內生長的乳濁物，會妨礙視力。（p.9）

放射性：（p.16, 17）
因原子衰變發出的強大及危險的能量，稱為輻射。

瘟疫：
大型的疾病爆發，令大範圍的人患病。（p.8）

疫苗：
有口服和注射兩種，用來注入人體內以預防患上該疾病。（p.20, 22, 25, 31）

麻醉藥：
手術時使用的一種藥物，可以減輕病人痛楚，令病人入睡。（p.15, 22）

抗生素：
殺死細菌，或用來對抗因細菌引致生病的物質。（p.22）

解剖學：
研究人體構造的一門學問。（p.18, 34, 35, 46, 47）

植物學：
研究植物的一門學問。（p.48）

免疫學：
研究身體如何對抗疾病的一門學問。（p.30）

女權分子：
認為男女應享有同等權利和機會的人，嘗試改善女性的生活。（p.12）

諾貝爾獎：
每年向醫學、物理學、化學、文學及人類和平等範疇頒發的國際性獎項。（p.16, 17, 21, 41）